幼兒大科學·2·

和興趣 一起長大

王渝生◎主編
沈蕾娜◎編著　啊囡◎繪

中華教育

幼兒大科學·2·

和興趣一起長大

王渝生◎主編

沈蕾娜◎編著　啊囡◎繪

出版 / 中華教育

香港北角英皇道 499 號北角工業大廈 1 樓 B

電話：(852) 2137 2338　傳真：(852) 2713 8202

電子郵件：info@chunghwabook.com.hk

網址：http://www.chunghwabook.com.hk

發行 / 香港聯合書刊物流有限公司

香港新界荃灣德士古道 220–248 號 荃灣工業中心 16 樓

電話：(852) 2150 2100　傳真：(852) 2407 3062

電子郵件：info@suplogistics.com.hk

印刷 / 迦南印刷有限公司

香港新界葵涌大連排道 172–180 號金龍工業中心第三期十四樓 H 室

版次 / 2021 年 6 月第 1 版第 1 次印刷

©2021 中華教育

規格 / 16 開（205mm x 170mm）

ISBN / 978–988–8758–83–8

責任編輯：梁潔瑩
裝幀設計：龐雅美
排版：龐雅美
印務：劉漢舉

本書繁體中文版本由明天出版社授權中華書局（香港）有限公司在中國香港、澳門地區獨家出版、發行。未經允許，不得複製、轉載。

目錄

歌劇院裏的藝術家

　　歌劇院是藝術的殿堂，在這裏你可以欣賞幾十件樂器的大合奏，可以看到世界各地美妙的舞蹈，可以聆聽歌手動聽的歌聲，可以觀看歌劇演員震撼的表演。這裏的每一場演出都無比精彩。如果可以上台表演，演奏家、舞者、歌手、演員，你會選擇哪一個呢？

人人都有的神奇音樂

唱歌是人類美好的本能，歌聲是人人都有的神奇音樂。
歌聲就像有魔法一樣，能夠淨化心靈、傳遞情感。

歌手

常見的唱法

民族

由中國各族人民按照自己的習慣和愛好創造的唱法，因地理位置和風土人情不同，演唱風格多種多樣。

美聲

這種唱法起源於意大利，採用獨特的發聲方法，使歌聲聽起來明亮、鬆弛、圓潤、優美，真是「聲」如其名。

通俗

通俗唱法也叫流行唱法。饒舌、搖滾、民謠、舞曲等都屬於通俗唱法，這種唱法被大眾所熟知。

合唱

合唱是指將很多演唱者分成不同聲部同時演唱一首歌。

音準：常被稱作一首曲子的「靈魂」，每首曲子都由成百上千的音符組成，只有把每一個音符唱準，歌曲才會好聽。

氣息：就是唱歌時呼吸的氣。唱歌時氣息一定要均勻、穩定、充足。

吐字：吐字清晰才能準確地傳達歌詞表達的意義。

發聲：正確的發聲方式可以使歌聲更圓潤飽滿，音域更廣闊。

為甚麼有人「五音不全」

有些人唱歌很難聽，這有可能是因為他的聲帶周圍的肌肉發育不完整，導致有些音高的音發不出來。這種情況導致的五音不全幾乎無法改變。如果是因為耳朵辨音能力差而導致發音不準，則可以通過訓練達到正常人的水平。

節奏：常被稱作一首曲子的「骨骼」，如果跟不上節奏，歌聲就無法和伴奏音樂融合到一起。

舞者

身體像羽毛一樣輕盈

舞蹈是肢體藝術,舞者通過肢體的律動表達出自己的情感。為了讓舞姿更加優美,舞者通常都要經過多年的刻苦練習,才能夠在舞台上像美麗的蝴蝶一樣輕盈地旋轉和跳躍。

不僅僅舞蹈演員需要跳舞,花式滑冰選手、韻律泳選手、歌劇演員,甚至雜技演員都需要有一定的舞蹈功底。優秀的舞者通常都有柔美的身體和優雅的氣質。

練舞就像闖關

學習舞蹈是一個不斷挑戰的過程,痛苦和快樂並存。當你通過努力練出一個個曾經無法做出的動作時,便能體會到舞蹈的快樂。

第一關:基本素質關

通過壓腿、下腰、大踢腿等動作訓練讓身體更加柔軟。這一關也許會讓人感到有些疼,但真正的勇者一定會堅持前行的!

第二關:形體關

繼續加強對腿和腰的訓練,加入擦地、畫圈等小的練習,讓整個身體更加平穩、協調。加油,你的動作看起來越來越優美了。

多種多樣的舞蹈

拉丁舞

一種需要不斷快速扭腰的舞蹈，平均每跳一曲拉丁舞，腰部要扭轉 160~180 次。

芭蕾舞

又叫腳尖舞，因舞者需要穿上特製的足尖鞋，立起腳尖跳舞而得名。

一種講究隨性、舒適的舞蹈，舞者常常穿着寬鬆的上衣，戴着時尚的棒球帽。

街舞

踢踏舞

隨着音樂節奏，用踢踏鞋發出踢踏聲的一種舞蹈。

第三關：技巧關

反覆練習旋轉、翻身、跳躍。雖然這個過程有些枯燥，但你已經可以做出大多數人做不到的動作了。

第四關：舞姿關

舞姿是舞者的基本姿勢形態，講究手、眼睛、肢體相互協調。為了登上更大的舞台，不要畏懼失敗，努力練習吧！

人生如戲，戲如人生

戲劇是由演員扮演角色，在舞台上表演故事情節的一種藝術。話劇、歌劇、音樂劇、中國戲曲等都屬於戲劇。

演員

話劇

話劇是一種以對白和動作為主要表現手段的戲劇，主要通過演員的語言來塑造形象、講述故事。

歌劇

主要或完全以歌唱和音樂來表達劇情，演員的台詞多是唱出來的，而不是說出來的。

音樂劇

音樂劇就像是話劇、歌劇、舞劇的綜合體，既有對白，也有歌唱和舞蹈，由於表現手法多樣，很受大眾的歡迎。

提線木偶　　杖頭木偶

木偶戲

木偶戲是由演員操縱木偶來表演的戲劇形式。常見的木偶有布袋木偶、提線木偶、杖頭木偶等。

團隊合作

　　演員、道具師、燈光師、音效師、服裝師、化妝師、編劇、導演等人齊心協力，才能為觀眾帶來一場完整而精彩的表演。

音效師

道具師

燈光師

化妝師

服裝師

編劇

導演

攝影師

演員

舞劇

　　舞劇演員以舞蹈作為主要表現手法。對舞劇來說最重要的就是舞蹈和音樂。

默劇

　　默劇演員通常不發出任何聲音，主要憑藉自己的肢體動作和表情來表達劇情。

中國戲曲

　　戲曲是中國傳統藝術之一，種類很多。表演形式載歌載舞，有說有唱，有文有武，在世界戲劇中獨樹一幟。

打開音樂之門的鑰匙

　　學習演奏樂器是很多人的興趣。一旦學會演奏某種樂器，音樂就變成了可感、可觸，甚至能被再次創造的東西。學會演奏一種樂器，就像得到了一把打開音樂之門的神奇鑰匙。

獨奏與合奏

　　有的樂器可以獨立演奏樂曲，不需要其他樂器伴奏；有的樂器則需要有其他樂器伴奏。

　　通常，一件樂器的單獨演奏，稱「獨奏」。如手風琴獨奏、鋼琴獨奏等。獨奏表演時，可以有一人或多人伴奏。

鋼琴獨奏

　　「交響樂」是一種需要多種管弦樂器合作演奏的音樂。一支交響樂隊的人數少則幾十人，多則上百人。

弦樂器

弦樂器包括小提琴、中提琴、大提琴等，體積越大的弦樂器，聲音往往越低沉渾厚。

一個樂團中的靈魂人物，控制整首曲子呈現的速度及演出的效果。

樂隊指揮

打擊樂器

打擊樂器包括定音鼓、大鼓、小鼓等。打擊樂手必須時刻注意節拍，並且要擅長手腳並用。

銅管樂器

銅管樂器包括法國號、小號、長號、大號等。演奏者通過按鍵等改變管子的有效長度或調整吹出的氣流大小來改變音高。

指某些具有鮮明音色特點而又不屬於常規管弦樂隊的樂器。例如吉他、木琴等。

色彩樂器

木管樂器包括長笛、雙簧管、單簧管、低音管等。木管樂器不一定都是木質的，演奏者可通過堵住和放開管身上的音孔來改變管子的有效長度，從而改變音高。

木管樂器

大國之樂，歷史之聲

　　中國傳統樂器的歷史源遠流長，有着深厚的文化底蘊。每一件中國傳統樂器身上都承載着歷史的印記，見證着中華上下五千年的光輝歷程。它們走過千年時光，流傳至今。作為中國人，我們理應讓中國傳統樂器發揚光大，走向世界！

雲鑼

　　古代打擊樂器，音量不大，但餘音持久，可用於器樂合奏和獨奏。

簫

　　一種古老的單管的豎吹吹奏樂器，一般為竹製，也有玉製的玉簫和銅製的銅簫等。

古琴

　　古琴，又稱瑤琴、玉琴、七弦琴等，是中國傳統撥弦樂器。

瑟

　　形狀似琴，有 25 根弦或 16 根弦，最早的瑟有 50 根弦，故又稱「五十弦」。

笛

　　在民族樂隊中，笛子是舉足輕重的吹管樂器，被當作民族吹管樂器的代表。

賈湖骨笛——世界上最早的可吹奏樂器

　　賈湖骨笛出土於距今約 9000 年～7800 年的史前聚落遺址——河南賈湖遺址，是中國目前出土的年代最早的樂器實物，被專家認定為世界上最早的可吹奏樂器。它在中國音樂史中有着無可比擬的重要地位和價值，也驗證了中國作為泱泱古國，在歷史和文化上不可忽視的威嚴。

鼓

　　在古代，鼓不僅被用於伴奏，還被用於祭祀、戰爭、驅除猛獸、報時、報警等。鼓皮是鼓的發音體。鼓通常是用動物的皮革蒙在鼓框上，經過敲擊或拍打使之振動而發聲的。

塤

　　吹奏樂器。陶製的塤是古代的流行樂器之一，多為上小下大的雞蛋形，不同塤上的音孔數量也不同。

編鐘

　　編鐘是一種非常古老的大型打擊樂器。編鐘的鐘體小，音量也小，音調高；鐘體大，音量也大，音調低。

笙

　　簧管樂器，一般用 36 根長短不同的竹管製成。

二胡

　　俗稱「胡琴」，是中國傳統樂器家族中主要的弓弦樂器之一。

美術館裏的藝術家

美術館是收集、保存、展覽和研究美術作品的地方。在這裏，你可以見到有上千年歷史的名畫，也能看到最新的頂級畫作。除了展示來自世界各地的畫作、雕塑、攝影作品，有時也會在這裏展示一些工藝品。也許有一天，你的作品也會在這裏展出！

你的字可以像畫一樣美

書法是中國傳統藝術之一。中國的漢字字體經過幾千年的演變，經歷了甲骨文、篆書、隸書、楷書、草書、行書等發展，形成了中國書法藝術千姿百態的風貌。

書法家

篆書

甲骨文距今已有 3000 多年的歷史，是中國現存最古老的文字，大篆保存着古代象形文字的明顯特點。

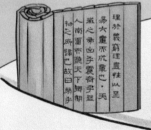

隸書

隸書的字形扁平、工整、精巧，講究「蠶頭雁尾」「一波三折」，極具藝術欣賞價值。

相傳隸書是程邈在監獄中創作完成的。每一個字他都用不同字體寫上數百個，經過十年磨煉終於創作出隸書。

楷書

楷書也叫正楷、真書、正書，從隸書逐漸演變而來，橫平豎直，字體端正，是現代通行的漢字手寫正體字。

硬筆書法

　　不用毛筆，而用鋼筆、鉛筆、粉筆等書寫的漢字書法作品，被稱作「硬筆書法」，硬筆書法也包含各種各樣優美的字體。

為甚麼要練字？

1. 常言道「字如其人」，一手好字就像一張精美的名片。
2. 練字可以陶冶情操，磨煉人的意志。
3. 書法是中國優秀的傳統文化，我們要大力弘揚。

王羲之是東晉時期著名書法家，相傳王羲之練字十分刻苦。有一次家丁送來饅饃，由於他正在專心練字，竟用饅饃蘸着墨汁吃，饅饃吃完了還渾然不覺，可見練字的專心程度。

行書

　　行書是介於楷書、草書之間的一種字體，是為了彌補楷書的書寫速度太慢和草書的難於辨認而產生的。因此它不像草書那樣潦草，也不像楷書那樣端正。

草書

　　草書的特點是筆畫與筆畫之間、字與字之間相連，連綿不斷，也被稱為「一筆書」。雖然用草書寫出的字不好辨認，但在狂亂中盡顯藝術之美。

做個小小雕塑家

雕塑家

雕塑是指通過「雕、刻、塑」的方法把各種可塑材料製作成藝術形象。古今中外有許多著名的雕塑作品，它們記載了歷史、傳承了精神，成為人類寶貴的財富。

各種各樣的雕塑

可以用來製作雕塑的材料非常多。石雕、銅雕等藝術作品需要很多工具才能製作，泥塑、麵塑等藝術作品，小朋友在家中就可以製作。

冰雕

泥塑

銅雕

石雕

木雕

石膏像

麵塑

玉雕

根雕

老祖宗的雕塑傳承

中國因生產精美的陶瓷聞名天下，在英語中，china 既代表「中國」也代表「瓷器」。而在中國的陶瓷發展史上，又是先有陶再有瓷的，所以陶藝在中國有着深厚的傳統文化積澱。

被譽為「世界第八大奇跡」的秦始皇陵兵馬俑就屬於陶塑。

神奇的微雕

微雕是在體積或面積非常小的材料上進行雕刻，如在米粒、鉛筆芯甚至是頭髮絲上！微雕作品通常要用放大鏡或顯微鏡才能觀賞。

小朋友的雕塑啟蒙——陶藝

陶藝是集繪畫、書法、雕塑、裝飾、人文、歷史於一體的綜合性藝術。準備好陶土，和爸爸媽媽一起製作屬於你的陶藝作品吧。

練泥

製作陶藝之前，首先需要揉陶土。

拉坯

將揉好的陶土放在轉盤的中間，用手配合轉盤拉伸陶土，慢慢修整好陶土的形狀。

利坯

一邊轉動轉盤一邊用刀修切坯體，讓它的厚度變得更加均勻。

烤製

放進專用烤箱進行烤製。

刻花、施釉

在坯體上雕畫出花紋和顏色，塗上釉料。

畫家

向世人展示你腦海中的美景

遠古時期，人類在沒有文字之前通過畫畫來記錄看到的東西，可見，畫的歷史幾乎與人類的歷史一樣長。無論你的畫工稚嫩還是高超，無論你畫在牆壁上還是紙上，無論你的畫作貼在臥室裏還是在美術館展出，只要這幅畫能讓人感受到美，就是一幅好作品！

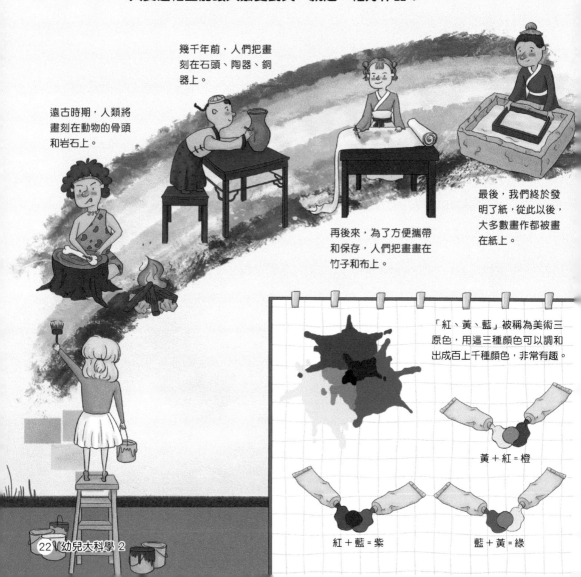

幾千年前，人們把畫刻在石頭、陶器、銅器上。

遠古時期，人類將畫刻在動物的骨頭和岩石上。

再後來，為了方便攜帶和保存，人們把畫畫在竹子和布上。

最後，我們終於發明了紙，從此以後，大多數畫作都被畫在紙上。

「紅、黃、藍」被稱為美術三原色，用這三種顏色可以調和出成百上千種顏色，非常有趣。

黃＋紅＝橙

紅＋藍＝紫

藍＋黃＝綠

萬能的畫家

　　畫家分為很多種，例如漫畫家、插畫家、動畫畫家等。除此之外，還有很多職業的從業者也需要具備一定的繪畫功底，例如建築師、服裝設計師、產品設計師等。

西洋油畫

　　油畫是西洋畫中的主要畫種之一，畫在亞麻布、木板或紙板上，顏料乾透後很硬，有立體感，能長久保持光澤，不變色。

中國國畫

　　國畫是中國的傳統繪畫形式，畫家用軟軟的毛筆蘸上墨汁，在宣紙上作畫。國畫按內容主要分為山水畫、人物畫、花鳥畫。中國國畫傳承千年，既包括線條細膩的工筆畫，也包括注重意境的寫意畫。

古今中外名畫家

梵高

荷蘭後印象派畫家，他的著名作品大多是在生前最後兩年創作的，其間梵高深陷於精神疾病中。他的一生都處於窮困潦倒的境地，死後，他的作品價值連城，成為世界藝術珍品，代表作有《向日葵》《星夜》等。

達文西

意大利文藝復興時期最傑出的畫家之一。他在天文學、解剖學、物理學等領域都有顯著成就，既是畫家也是科學家、發明家。他將藝術創作與科學知識結合起來，形成了自己獨特的藝術風格，作品有《蒙娜麗莎》《最後的晚餐》等。

莫奈

法國最重要的畫家之一，同時也是印象派的代表人物。他把全部的精力都用於對光影和色彩的觀察和表達上。莫奈十分熱愛繪畫，即使晚年得了白內障也仍然堅持作畫，代表作有《日出·印象》《睡蓮》等。

顧愷之

　　中國東晉時期畫家。他根據曹植寫的《洛神賦》展開想像，創作了《洛神賦圖》，畫作的線條像蠶絲一樣細，精美至極。

齊白石

　　齊白石是中國近現代著名的國畫大師，他畫的蝦堪稱畫壇一絕。齊白石的作品《山水十二條屏》以 9.315 億元人民幣拍賣成功，轟動全球。

張大千

　　張大千與齊白石齊名，人稱「南張北齊」。張大千被西方藝壇讚為「東方之筆」，又被稱為「臨摹天下名畫最多的畫家」。他的代表作《長江萬里圖》長度近 20 米！

體育館裏的運動員

　　運動會開始啦！無論是在學校操場還是
體育館、運動場，運動會都會讓參與者感到
激動、開心，甚至感動。參與者要和隊友一
起拚搏、挑戰自己的極限、贏得勝利或者取
得進步，讓每一個瞬間都展現出「體育運動」
獨一無二的魅力。

團隊合作的無窮魅力

球類運動是以球為工具的競技性運動的總稱。球類運動項目種類繁多，比賽規則也各不相同。比賽通常有比較強的對抗性，需要運動員具備良好的體能和心理素質，善於運用技術和戰術。

球類運動

足球——影響力最大的運動之一

一場足球比賽時長為 90 分鐘，兩支球隊根據進球數來決出勝負。每支球隊有 11 位球員上場比賽，每位球員都有自己的職責。只有團隊合作，才能發揮出球隊最大的力量。

教練
及時提供戰術指導

前鋒
負責進球

後衛
主要負責防守

世界盃
「世界盃」是世界上榮譽最高、規格最高、競技水平最高、知名度最高的足球比賽，每4年舉辦一次。

中場
在後衛和前鋒中間傳球

裁判
保證比賽的公平性

守門員
防止對方的球進入自己的球門

籃球一看！空中飛人

美國國家籃球協會（NBA）聯賽是世界上最具影響力的籃球比賽，每一場比賽分為 4 節，每節 12 分鐘。籃球運動員需要擁有快速奔跑、突然與連續起跳、敏捷反應、身體力量抗衡等多種能力。

即使帶球也能快速奔跑！

被衝撞也能保持身體平衡！

頂級籃球運動員的彈跳高度可以超過 1 米！

乒乓球——中國人的驕傲

乒乓球是一種世界流行的球類體育項目，被譽為中國的「國球」。比賽時兩名或兩對選手對抗，在有球網的球台兩端，用球拍輪流擊球，先得到 11 分的一方獲得一局的勝利。（10 比 10 平需要「追球」。）比賽常採用五局三勝或七局四勝的賽制。

2014 年東京世乒賽

中國是世界上乒乓球實力最強的國家，到底有多強呢？在 2014 年東京舉辦的世界乒乓球比賽團體賽中，一位解說員解說道：「中國女隊派出了五名隊員，她們的世界排名是第一到第五。」

2008 年北京奧運會中，乒乓球女單和男單的金、銀、銅牌全部由中國運動員獲得。

格鬥運動

武林高手在賽場

格鬥運動是指各種有攻防搏鬥的對抗性項目。搏鬥運動分為徒手格鬥（沒用武器）和器械格鬥（使用武器）。拳擊、摔跤、跆拳道、柔道、散打都屬於格鬥運動。

跆拳道

跆拳道是一門格鬥術，以騰空、旋踢腳法而聞名。2000 年的悉尼奧運會，跆拳道正式成為奧運會項目。初學者分為 10 級，通過腰帶的顏色來區分級別，10 級為白色，1 級為黑紅色。成為黑帶後繼續修煉段位，最高可到黑帶 9 段。

白帶

白色代表從零開始學習跆拳道。

黃帶

黃色代表大地，就像植物在泥土中發芽一樣，此階段是打好基本功的時候。

綠帶

綠帶代表練習者的跆拳道技術枝繁葉茂。

藍帶

藍帶是天空的顏色，練習者的跆拳道技術就像大樹一樣向着天空生長。

紅帶

紅色是警戒的顏色，練習者已經具備相當高的攻擊能力。

奧運賽場上的格鬥比賽

拳擊：戴上拳擊手套，擊打對方的同時還要小心躲避攻擊，是「勇敢者的運動」。

摔跤：非常古老的運動，世界各國有多種摔跤技法。

柔道：源於日本，運動員通過將對手摔倒在地上等動作而得分。需要很多格鬥技巧。

東方祕術，中國功夫

中國武術也被稱為中國功夫，這項有着悠久歷史的古老運動，在全世界享有盛名，大量關於中國功夫的中外影視作品更給這項古老的運動增加了一層神祕的傳奇色彩。中國武術包括拳術、棍術、槍術、刀術、劍術等，有多種不同的兵器，各種武術功法成千上萬。

以禮始，以禮終

跆拳道倡導「以禮始，以禮終」的精神，認為格鬥的目的是提高技藝和磨煉意志，所以雙方要抱着學習的心態向對方表示敬意，在練習或比賽前後都一定要向對方鞠躬。

像魚一樣在水中玩耍

水上運動指的是在水域內依靠肢體動作或以船艇及專用器材進行的體育運動的總稱。主要包括游泳、跳水、賽艇、水球、韻律泳等。由於水上運動非常有趣，很多人都把水上運動作為自己的興趣愛好。在夏天，和家人一起去水上樂園游泳最有趣了！

水上運動

你最喜歡哪種游泳姿勢？

會游泳是進行水上運動的前提，只有學會游泳才能在水世界隨心所欲地玩耍。游泳姿勢有很多種，常見的有蛙泳、仰泳、自由泳、蝶泳。小朋友們一定要在成人的陪同下到正規的游泳池游泳。

蛙泳：姿勢像青蛙一樣，是一種比較容易掌握的泳姿。

仰泳：臉在水面以上，呼吸很方便，但是看不到自己在往哪個方向游。

蝶泳：泳姿像蝴蝶一樣美，相對比較難掌握，速度較快。

自由泳：四種泳姿中速度最快、最省力的游泳姿勢。

跳水：從高處以各種姿勢跳入水中，專業運動員通常可以在空中完成翻轉、旋轉等高難度動作。跳水的難度和危險性很高，一定要經過專業訓練後才可以嘗試。

游泳裝備的秘密

無論是初學者還是運動員，正確使用游泳裝備都是非常重要的。

泳帽
減小阻力，且防止頭髮掉入水中，污染水池。

泳鏡
讓人可以在水下看清東西。

鼻塞
防止鼻子進水。

浮板
幫助初學者更快地學會游泳。

游泳圈
套在腰上，即使不會游泳也可以下水玩耍。

泳衣
非常貼身，吸水後不會變形。

會游泳還能做哪些運動？

韻律泳

一種游泳、舞蹈、體操相結合的運動。運動員在音樂伴奏下完成單人或集體的水上動作。有時運動員頭部會完全潛入水中，這項運動需要熟練掌握游泳和潛水技巧。

水球

運動員們要一邊游泳，一邊與隊友配合，把球打入對方的球門，技巧性很強。因為水中阻力很大，運動員要不停地游動、躍起，是一項很消耗體力的運動。

衝浪

運動員腳踩衝浪板，保持身體平衡，隨著海浪快速滑動。

潛水

憑藉潛水裝備和潛水技巧，我們可以在水中連續探索一段時間，就像生活在水中的魚一樣。

在白色王國中飛翔

冰雪運動

冰雪運動是指在天然或人工製造的冰雪場地上，借助各種器械和裝備進行的體育運動。常見的冰上運動有速度滑冰、花式滑冰、冰球等；常見的雪上運動有越野滑雪、跳台滑雪等。

甚麼？踩着刀刃滑行？

穿着特製的冰鞋站在滑冰場地上，初學者通常連保持站立都很困難，但只要勤加練習，很快就會掌握滑行的技巧。

速滑冰刀　花式冰刀　冰球冰刀

速滑冰刀刀體長、刀刃又直又窄，摩擦阻力小，速度快。

花式冰刀刀刃較短，而且在前端有刀齒，刀齒可以幫助運動員跳躍和旋轉。

冰球冰刀的鞋頭很硬，鞋筒較高，鞋幫厚，刀體短，可幫助運動員靈活移動及改變滑行方向等。

短道速滑運動員的最高時速可達 50 公里每小時，相當於汽車在普通城市道路上的行駛速度！

花式滑冰運動員不僅需要穿着冰鞋在冰面上翩翩起舞，還要做出很多高難度的旋轉、跳躍動作。

雪地裏的「空中飛人」

　　滑雪板是滑雪的必要裝備，分為單板和雙板。通常初學者需使用雙板滑雪板和滑雪杖。

　　滑行的時候需要兩腳與肩同寬，膝蓋自然彎曲，身體前傾，重心放在腳掌上，雙手抬至與胯同高的位置，類似與人握手的感覺，持杖時雙臂自然彎曲，目視前方。

冰球，勇敢者的運動

　　冰球是一項難度極高的運動，需要運動員同時具備高超的滑冰水平、嫻熟的曲棍球技術和優秀的團隊精神。

　　在打冰球的過程中，運動員速度很快，容易產生極其劇烈的衝撞，所以冰球運動員的裝備要求極高，可謂「武裝到牙齒」！

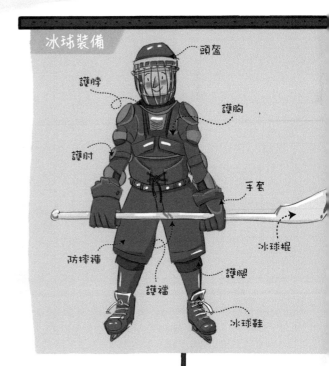

冰球裝備

- 頭盔
- 護脖
- 護胸
- 護肘
- 手套
- 冰球棍
- 防摔褲
- 護腿
- 護襠
- 冰球鞋

奧林匹克運動會

　　奧林匹克運動會簡稱「奧運會」，是世界上規模最大的綜合性運動盛會，夏季奧運會和冬季奧運會都是每 4 年舉辦一次。奧運會的五環標誌象徵着五大洲的團結以及全世界運動員公平、友好的比賽精神。

　　2000 多年前，在希臘的奧林匹亞舉辦了第一次大規模競技活動，奧運會就是由此演變而來的。

　　古代奧運會由於各種原因停辦了 1500 多年，直到 1896 年才重新開始。

　　奧運會可以匯集來自 200 多個國家和地區的上萬名運動員，對促進各國友誼十分重要。

　　傳遞聖火是奧運會開幕前的重要環節。人們從希臘奧林匹亞採集火種，點燃奧運火炬，一路奔跑，將聖火傳遞到奧運會舉辦城市。

　　奧運會的開幕儀式就像盛大的節日慶典，包括各國運動員入場、集體宣誓、點燃聖火、表演節目等環節，熱鬧非凡。比賽結束後，還會舉行同樣盛大的閉幕式。

奧運會比賽項目有很多大項，有些大項還設有分項，例如游泳就包括競技游泳、韻律泳、水球、跳水和公開水域游泳 5 個分項。田徑雖然沒有分項，卻有很多小項，是奧運會項目中金牌最多的大項。

射箭　　劍擊　　馬術　　柔道　　摔跤

單車　　跆拳道　　鐵人三項　　拳擊　　射擊　　藝術體操

舉重　　賽艇　　輕艇　　帆船　　游泳

現代五項　　網球　　排球　　田徑　　羽毛球　　棒球

手球　　曲棍球　　壘球　　乒乓球　　足球　　籃球

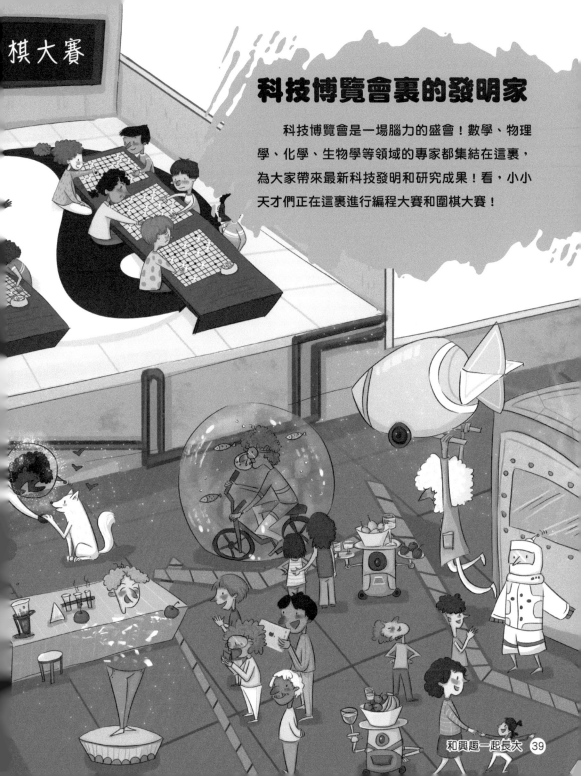

科技博覽會裏的發明家

科技博覽會是一場腦力的盛會！數學、物理學、化學、生物學等領域的專家都集結在這裏，為大家帶來最新科技發明和研究成果！看，小小天才們正在這裏進行編程大賽和圍棋大賽！

棋大賽

科學家

改變世界的魔法

科學發明是推動人類進步的關鍵，偉大的發明可以改變我們的生活，帶領人類進入新世界！

蒸汽機

蒸汽機的發明使機器生產和交通運輸取得了巨大發展，掀起了第一次工業革命，人類從此走進「蒸汽時代」。

火

人類學會鑽木取火，從此可以利用火來加熱食物、驅趕野獸、照明、防寒。火的使用，標誌着人類文明的進步！

火箭

當我們的祖先「鑽木取火」的時候，一定沒想到在遙遠的未來，他們製造的火苗的「後代」可以把巨大的飛船送入太空！

火車、飛機

蒸汽機的發明帶動了火車、輪船的發展，交通的便利縮短了通行時間，世界從此「變小」了。

電

　　1866 年，德國人西門子發明了直流發電機。大量電器開始進入人們的生活，第二次工業革命蓬勃興起，人類從此進入「電氣時代」。

電腦

　　1946 年，第一台電子計算機（ENIAC）誕生，每秒鐘可進行 5000 次加法運算，大大提高了計算效率。人類開始進入高速發展的電子資訊時代。

電器

　　如今，我們的生活已經離不開電和各種電器了。

你的發明

　　第一個提出要飛上天空的人被人們嘲笑是瘋子，誰也沒想到多年後飛機成了常見的出行方式。大膽地想像一下，你想發明甚麼？

和電腦聊聊天

程式員

天上有多少顆星星？電子遊戲是怎麼製作出來的？機器人是怎麼執行命令的？想知道這些問題的答案嗎？它們的祕密都藏在「編程」裏！

編程是甚麼？

就像人類用不同的語言說話和寫字一樣，電腦的語言是用代碼寫成的程式，編程就是用電腦能「聽懂」的語言來為它撰寫指令。

讓電腦聽你的！

電腦是一種通過代碼來處理資訊、執行指令的機器。它可以幫助人們完成很多人腦難以完成的事，而且永不疲倦。只要編寫出相應的代碼程式，電腦可以完成很多事。

不過，一旦程式出錯，電腦就會罷工，甚至出現很多災難性的錯誤。

開啟編程之旅

　　沒有「程式」的電腦毫無用處，只有執行程式，電腦才會變得「神通廣大」。一起來看看如何通過「編程」來幫助電腦變得更強大吧！

1　　開啟編程之旅之前，我們首先需要定一個目標，你希望電腦幫你做些甚麼呢？讓它數數地球上有多少輛汽車，怎麼樣？

2　　現在我們需要擬定演算法，演算法就像菜譜一樣，我們要告訴電腦第 1 步做甚麼，第 2 步做甚麼。

3　　把我們寫好的演算法轉化成電腦能看得懂的代碼，這個過程就是編程的過程。現在試試讓電腦執行你的指令吧！

4　　如果電腦在執行程式的過程中出現了錯誤，我們只要找到錯誤，通過修改代碼就可以解決問題啦！

遇見未來的朋友

「機器人」指的是能自動執行工作的機器裝置。它們根據人類預先編排好的程式來完成指令，它們的任務是協助或替代人類完成某些工作。

機器人的特點

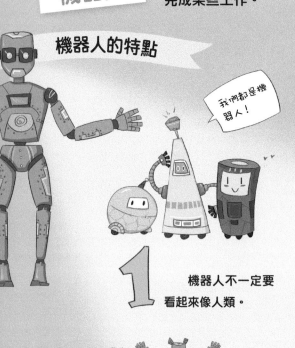

我們都是機器人！

1 機器人不一定要看起來像人類。

機器人與人類最大的區別是它們不能獨立思考，不懂得「喜、怒、哀、樂」等情感。

我沒有情緒。

2

3 機器人需要按照人類為其設定好的程式來「工作」。

4 大多數機器人都是特定性機器人，它們通常只能做一件事。

人類的好幫手

機器人醫生

　　機器人醫生可以通過自動化技術為病人遠程手術，醫用機械手臂可以完成更精細、更準確的動作。

機器人修理工

　　很多工作都會產生對人體有害的化學氣體，而且生產速度非常慢。用「機器工人」不僅效率高，還不用擔心健康問題。

水下機器人和太空機器人

　　人類無法在不借助設備的情況下潛到深海海底或進入太空，「水下機器人」和「太空機器人探測車」可以代替人類去完成工作。

拆彈機器人

　　在戰場上，拆除炸彈是非常危險的事，為了保護士兵的安全，可以用拆彈機器人來完成這種任務。

未來機器人能做些甚麼？

　　在不遠的未來，也許所有又髒又累的工作都將由機器人來完成，也許會有安全又乾淨的機器寵物陪你玩耍……想一想，你覺得未來機器人能做甚麼呢？

黑白博弈，指揮千軍萬馬

「琴、棋、書、畫」是中國古代的四大藝術，歷史悠久，源遠流長。其中的「棋」，大多指圍棋。圍棋已有幾千年的歷史。圍棋在中國古時稱「弈」，英語中稱為「Go」。

圍棋

基本下法

1. 對局雙方各執一色棋子，黑先白後，交替下子，每次只能下一子。

2. 棋子下在棋盤上的交叉點上。

3. 棋子落子後，不得悔棋，這是基本的「棋品」。

君子的棋品
落子無悔
觀棋不語
勝者謙讓
敗者瀟灑

棋具

棋子

棋子分黑白兩色，一般來說黑子 181 個，白子 180 個。中國一般使用一面平、一面凸的棋子，日本則常用兩面凸的棋子。

棋盤

形狀為正方形或略呈長方形，現在的棋盤橫豎各有 19 條平行線，構成 361 個交叉點。

棋鐘

也叫計時器，在正式的比賽中可以使用計時器對選手的用時進行限制。非正式的對局中一般不使用計時器。

棋譜

落子順序與位置的記錄。

圍棋的樂趣

　　圍棋的玩法簡單來說就是黑白雙方搶佔地域，地盤大的人獲勝。如果包圍住對手的棋，讓對方的棋子沒有「氣」，就能吃掉對方的棋子。下棋會讓人有古代帶兵打仗，佔領土地的感覺，所以人們常說下一盤棋如同打了一場仗。圍棋對專注力、記憶力、推理能力、計算能力、情緒控制力都有很高的要求，因此也被稱為「智者的遊戲」。

π=3.14__ _535
89793 2_ _ 26433
83279 5_ _ 41971
69399 3_ _ 9209
74944 59__ _8164

專注力　　　　計算能力　　　　情緒控制力　　　　推理能力

專業棋手之路艱難又孤獨。

職業棋手隊伍急需擴充！

　　中國的圍棋愛好者數量龐大，而且有明顯增多的趨勢。職業棋手也稱「專業棋手」，指以下棋為職業，經常參加國內外重大比賽的人。段位是棋手棋藝水平的重要標誌，中國的職業棋手段位共分 9 個等級，依實力的高低從 9 段排至 1 段，9 段為最高。1 段也叫初段。

激烈的「人機大戰」
　　阿爾法圍棋（AlphaGo）是第一個擊敗人類職業圍棋選手、第一個戰勝圍棋世界冠軍的人工智慧程式。

VS

和興趣一起長大　47

他們的「興趣」改變世界

達文西

偉大的博學家，在建築學、醫學、生物學等多個方面都有超前於他所處的時代。

15 世紀

牛頓

總結出牛頓三大定律和萬有引力定律，構建出了一個全面的力學體系。

17 世紀

18 世紀

莫扎特

音樂界的曠世奇才，他對歐洲古典音樂乃至世界音樂的發展都有重大影響。

19 世紀

米高・法拉第

被稱為「電學之父」和「交流電之父」，發明了圓盤發電機，這是人類創造出的第一個發電機。

海因里希・赫茲

證實了電磁波的存在，正是基於電磁波，才出現了後來的無線電話、電視等發明。

20 世紀

穆罕默德・阿里

傳奇拳擊運動員，用運動精神征服了全世界。

伊莎朵拉・鄧肯

現代舞的創始人，是世界上第一位赤腳在舞台上表演的藝術家。

丹尼斯・里奇

C 語言之父，沒有他也許我們就不會有個人電腦，甚至不會有互聯網。

米高・佐敦

有「飛人」之稱的著名籃球運動員，他憑藉高超的球技和個人魅力讓籃球迅速風靡世界。